LE VIGNERON

CHARENTAIS.

LE VIGNERON

CHARENTAIS,

OU

L'ART DE CULTIVER LA VIGNE

ET D'EN SOIGNER LES PRODUITS,

Par RAGUENAUD,

Propriétaire.

Angoulême,

IMPRIMERIE D'EUGÈNE GROBOT FILS,

PLACE DU MARCHÉ-NEUF, 12

1847.

PRÉFACE.

L'INDUSTRIE vinicole est, sans contredit, l'un des plus beaux fleurons du commerce français, et ne souffre pas de rivale dans le monde entier. La nature a richement doté notre climat d'une puissance admirable de production vinicole, à laquelle vient se joindre une variété dans les produits qui répond à toutes les fantaisies du goût le plus capricieux : la Champagne, la Guyenne et la Bourgogne forment les trois grandes divisions territoriales qui produisent les vins les plus délicats et les plus recherchés du globe. A côté de ces noms renommés, vient se placer celui de notre province. L'Angoumois possède depuis des siècles une renommée universelle qu'il doit à ses eaux-de-vie : sur tous les points des deux hémisphères, le nom de Cognac a un brevet de nationalité. Enfant de cette belle et prospère contrée qui vit naître François Ier; vigneron moi-même, je me suis appliqué à recueillir des faits, à comparer les résultats des différents modes de culture de la vigne, et, de l'ensemble de mes observations et de mes expériences, à réunir tous les éléments nécessaires pour écrire un traité sur l'art viticole. Aujourd'hui que je soumets mon œuvre au public, je dois, dès cette première page, déclarer à ceux qui le parcoureront, que toute mon ambition, en l'écrivant, n'a été que de produire un livre utile, que de fournir un guide à ceux des vignerons, mes frères, qui procèdent par la voie du tâtonnement, ou qui sont encore sous l'empire de la routine et des préjugés. C'est pourquoi, autant que je l'ai pu, j'ai écarté les termes scientifiques qu'ils n'auraient pu comprendre ; toutefois, comme mon livre est aussi destiné à une autre classe de lecteurs plus éclairée, les grands propriétaires, j'ai écarté, d'une autre part, les expressions locales seulement compréhensibles à un nombre très-restreint de personnes. Je me suis donc arrangé de manière à éviter ces deux écueils, contre lesquels, trop souvent, pour n'y avoir pris garde, des hommes dont je confesse la supériorité, sont venus s'échouer. La division des parties de mon livre est je crois la plus rationnelle : j'entre en matière par la culture de la vigne, je mets le vigneron en contact avec le sol ; puis je passe à une exploitation d'ensemble ; et, enfin, j'arrive en suivant en quelque sorte les développements de la saison, à la fabrication du vin, et, un peu plus loin, à celle des eaux-de-vie. Généraliser autant que possible une culture rationnelle, ou du moins y contribuer quelque peu pour ma part, tel a été mon but ; et si j'acquière plus tard la certitude d'avoir servi quelques-uns de mes lecteurs, mes espérances seront comblées.

LE VIGNERON

CHARENTAIS.

MÉTHODES LES PLUS ÉCONOMIQUES

POUR CRÉER DES VIGNOBLES.

Comme il ne suffit pas de planter une vigne dans un terrain quelconque, mais qu'il faut étudier celui dans lequel on se propose d'établir un vignoble, j'ai pensé qu'il était nécessaire de décrire ici la composition de la terre propre à cette culture, son exposition, le choix du plant et les manières de plantation les plus économiques ; car de planter une terre sans aucun indice certain, il y a des chances à courir, plutôt mauvaises que bonnes : 1° c'est que les terres les plus riches n'offrent aucun avantage pour la vigne, qui n'y dure pas et donne de mauvais vin ; 2° de planter une vigne sans avoir la précaution d'en bien choisir le plant, on perd gros. Le mauvais cépage est celui qui réussit souvent le mieux ; il ne porte pas de fruit ou bien peu ; il domine les bons cépages et leur dispute même leur subsistance ; 3° l'exposition du terrain a aussi une grande influence sur la durée de la vigne et sur la qualité du vin ; mais, pour cela, nous n'en sommes pas les maîtres ; 4° il y a aussi un grand avantage à choisir une bonne époque pour la plantation, autrement on éprouverait une grande perte, principalement si les plants manquent en partie la première année. Ce n'est pas une petite chose que de manquer un vignoble à son début : il faut avoir recours plus tard aux provins, aux marcottes, aux ceps élevés en pépinières ; encore tout cela ne vaut pas les crossettes qui prennent bien la première année.

DE LA TERRE PROPRE A LA VIGNE.

Les terres douces, légères, plus sèches qu'humides, mélangées de cailloux, sont reconnues pour être les meilleures. Celles dans lesquelles il se trouve de la pierre, n'importe quelle nature, et qui reposent sur un lit d'argile, sont aussi propres à la vigne ; en général, les terrains argilo-calcaires, argilo-silicieux, argilo-calcaires caillouteux, peuvent être regardés comme les plus avantageux pour la durée de la vigne et pour la bonne qualité du vin.

La vigne que nous voyons souvent réduite à l'état d'un chétif arbrisseau, est susceptible de prendre un grand développement, même dans toutes les terres ; mais le temps nous apprend le reste ; car j'ai vu des vignes pousser beaucoup de bois, et qui ne donnaient presque pas de vin, encore n'était-il pas bon ; alors cette terre n'était pas propre à la vigne. Les terrains bas, aquatiques ou marécageux ne valent encore rien pour la vigne ; elle y fera pourtant des racines, poussera assez vigoureusement ; mais sur dix années, il n'y en aura peut-être pas une de bonne pour le vin.

Dans le sable pur, la vigne ne prendra à peine, et la moindre chaleur brûlera les raisins. On voit des contrées couvertes entièrement de pierres ou de cailloux ; le fond en est quelquefois pur, ou mêlé d'argile ; on ne peut demander rien de meilleur pour la vigne ; mais si on enlève toutes les pierres ou les cailloux qui se trouvent à la surface de cette terre, il sera de toute nécessité de les remplacer par des terres ou des engrais quelconques ; autrement on finirait par appauvrir le sol.

L'indice le plus certain pour la réussite de la vigne est le terrain dans lequel se trouve de l'argile rouge, et où croissent naturellement quelques pieds de vigne sauvage, car il est visible que chaque plante a sa terre-mère.

EXPOSITION DU TERRAIN.

Il est reconnu par tout le monde, que les terrains inclinés vers le nord sont les plus favorables ; ce sont le plus souvent ceux dont les produits sont le plus es-

timé, et en outre, c'est que les gelées du printemps
y agissent bien plus difficilement. Le vent du nord,
bien loin d'être préjudiciable à la vigne, la favorise
en desséchant la terre ; il a même la propriété d'éloigner de la vigne tout ce qui peut lui être nuisible.
La preuve en est convaincante. Lorsque les vents du
sud sont fréquents, les fleurs de nos abricotiers, de
nos pruniers, etc., etc., sont presqu'entièrement brû-
lées ; mais tous n'ont pas de terrains inclinés vers le
nord. Les propriétaires qui n'en auraient pas, auraient
tort de renoncer à l'établissement d'un vignoble ; car
l'exposition du levant est presque également recom-
mandable, malgré qu'elle soit un peu plus sujette à la
gelée ; l'exposition du midi serait préférable, mais
l'expérience a appris qu'en certaines contrées les gelées
faisaient des torts considérables, et que le vin n'avait
pas entièrement la qualité qu'il faisait espérer. Une
colline un peu élevée et un peu arrondie dessus, en
forme de mamelon, est la plus avantageuse, parce que
le soleil la voit de tous côtés, et que l'eau en descend
facilement. Le vent le plus pernicieux à la vigne, est
le vent du nord-ouest, parce qu'il est chargé d'humidité ; il amène la gelée, les grêles, etc. Il faut éviter
le voisinage des rivières et des marais, parce que la
fraîcheur qui s'en élève donne beaucoup de prise aux
gelées du printemps en se répandant sur les feuilles
encore tendres de la vigne.

PLANT DE LA VIGNE.

On doit choisir le plant qui aura crû dans le même climat et à la même exposition que celui dans lequel on veut le planter. Il faut aussi que le plant soit pris dans une terre moins substantielle que celle où l'on doit le mettre. Le plant doit être pris sur des ceps de bonnes espèces et des plus vigoureux ; on ne saurait jamais trop prendre de précautions à cet égard. On doit encore faire attention que la pointe des sarments ne soit pas sèche ; ce qui se voit souvent dans les vignes même qui poussent vigoureusement ; c'est un pronostic de leur mort prochaine. Alors les crossettes qu'on prendrait ne pouraient obtenir qu'une courte durée. Les crossettes doivent être coupées sur le bois de l'année précédente et taillées très-proprement ; en outre de cela, on doit remarquer si le cep a produit beaucoup de fruits ; ce qui est facile de reconnaître par les queues qui sont restées aux sarments ; et non pas faire comme certains vignerons qui prennent du plant partout sans exception ; c'est qu'ils n'y ont pas d'intérêt ou qu'ils travaillent sans intelligence. Car il y a trop de désavantage à cultiver de mauvais cépages. Quand une vigne est faite, on voudrait avoir la certitude qu'elle survivrait à des générations entières. Ainsi on doit donc, le plus que possible, planter les espèces les plus fécondes.

On pourrait obtenir des nouvelles variétés par les semis. Cette méthode serait avantageuse pour la durée de la vigne ; mais on aurait le désagrément d'y trouver quelques espèces dégénérées et même stériles ; ensuite les propriétaires seraient effrayés de ce que leur vigne ne serait en rapport tout au plus que vers la dixième année.

Cependant, avec des soins et des améliorations, on pourrait parvenir à en perfectionner quelques variétés. Car si nous avons tant d'espèces de fruits perfectionnés, nous les devons aux semis et à la greffe. Le changement de climat a encore beaucoup d'influence à ce sujet.

PLANTATION DE LA VIGNE.

Tout propriétaire qui se propose de planter une vigne, aura un grand avantage à préparer son terrain dès le mois de novembre, ou plus tôt s'il peut. Le soleil ayant encore un peu de force, fertilise la terre ; ensuite arrivent les gelées qui la rendent légère ; les pluies finissent le reste ; de manière que cette terre acquiert, par ce moyen seulement, autant de qualité que si on lui avait donné une demi fumaison.

Pour qu'une vigne réussisse bien, il lui faut une terre neuve, c'est-à-dire qui n'aura jamais eu de vigne, ou depuis long-temps. Il faut que la terre soit renouvelée par une culture améliorante, telle que le sainfoin, qui doit convenir mieux que tout autre.

Défoncez votre terrain jusqu'au lit de terre infertile, et en le fouillant ainsi, ayez le soin de le bien nettoyer des mauvaises herbes, telles que le chiendent, l'arrête-bœuf et plusieurs espèces qui, plus tard, seraient très-difficiles à détruire sans porter préjudice à la vigne. Il est essentiel de faire attention que la terre varie souvent sensiblement, et même quelquefois dans un petit espace. Il ne faut pas perdre de vue cette considération, que si l'on veut que la vigne réussisse partout également, il faut alors, par des engrais, suppléer au besoin que paraît réclamer le terrain inférieur en qualité. Si l'argile domine, il faut y répandre du sable; des terreaux légers seraient encore préférables. Si, dans le cas contraire, le terrain est sablonneux et qu'il annonce avoir trop de légèreté, on doit y répandre des terres grasses, celles qu'on tire des égouts, des fossés, etc.

Le terrain ainsi préparé, il ne s'agit plus que de le mettre en valeur par une plantation soignée et bien dirigée.

L'époque à laquelle on doit planter la vigne, est la fin de l'automne pour les terres sèches, et le commencement du printemps dans les terres humides; dans des terres sèches, légères, il y a beaucoup plus d'avantage de planter avant l'hiver, parce que les crossettes auront, avant les froidures, le temps de se remplir d'une humidité muqueuse, qui les préparera à la végétation et à la formation des racines; et comme elles n'éprouveront point de transplantation, elles feront deux pousses dans le cours de l'année; alors,

elles seront toujours plus avancées que celles qui seront plantées au printemps suivant. C'est presque
comme un arbre qu'on laisse croître dans la place
même où il a pris naissance. .

Dans les terres humides, on est presque forcé de
planter après l'hiver, parce que les crossettes pourraient se moisir ; du reste, on doit savoir que l'eau
est le plus grand ennemi de la vigne.

On lève les crossettes en février ou en mars, au moment de la taille; on les coupe aussi proprement que si
on voulait les planter à demeure ; puis l'on ouvre un
fossé de trois pieds (un mètre de largeur), et sur une
longueur proportionnée à la quantité de crossettes
qu'on aura à y déposer. Cette fosse doit être disposée de
manière à ce que les crossettes se trouvent entre deux
terres végétales, et faire attention de ne pas trop les
couvrir, afin que le soleil puisse y introduire sa chaleur bienfaisante. Quinze centimètres de terre suffi-
ront, car si elles étaient trop basses, elles ne feraient
pas sitôt de racines.

C'est dans le mois de mai ou juin, et par un temps
pluvieux, qu'on déterre le plant ; il devra avoir produit de petites racines très-fragiles, lesquelles exigent
beaucoup de précautions pour la transplantation ; car
si on les fesait tomber ou qu'on les laissât trop long-
temps exposées au soleil, ce serait là un grave inconvénient pour la reprise. Si la terre se trouve trop sèche, il ne faudra pas manquer de les arroser. On
mettra les crossettes dans les trous qu'elles doivent
occuper en y faisant couler un peu de terre fine ou bien

émiettée ; on versera immédiatement environ un litre
d'eau qui suffira pour tasser la terre et pour assurer
la reprise.

Le terrain dans lequel on se propose de planter au
printemps doit être bien travaillé, bien meuble, afin
qu'il se prête, sans la plus légère résistance, au développement des mamelons à leur éruption en racines.
Car, en général, la manière dont on met en terre les
crossettes est très-vicieuse : il y a des vignerons qui
ont l'habitude, avec un pieu, de tasser la terre tant
qu'ils ont de force ; ils croient, par ce moyen, être
plus assurés du succès de leurs plantations ; c'est une
erreur bien funeste, car moi-même j'en ai fait l'expérience. Je suis même étonné que les crossettes qu'on
met quelquefois dans une terre déjà trop compacte et
se trouvant saccagée et durcie par l'action du pieu,
puissent surmonter de pareils obstacles. La meilleure
méthode est de se servir d'un pieu en fer, d'un mètre
trente centimètres de longeur, dont le bout qui doit
servir à percer les trous sera bien effilé, et fait en
forme de fusée, afin que le trou s'élargisse par le
haut au fur et à mesure qu'il se creuse ; lesquels trous
doivent êtres percés jusque dans le tuf, ou dans la
terre infertile, malgré que la vigne n'y fasse point
de fortes racines, car quelquefois elle n'en fait pas
du tout ; mais cet excédant de longeur, que l'on
croit presque inutile, lui sert de pivot, et sert aussi
à sa subsistance ; car, étant introduit dans le sein
des rochers, de l'argile ou du tuf, il lui entretient la fraîcheur qu'elle a la subtilité de soustraire,

et qui par là, lui donne les moyens de la végétation.

Il y a des contrées où l'on plante les vignes en allées; cette méthode est fort bonne. Mais dans les terres faibles, en laissant les allées de champ d'une largeur convenable, on peut y cultiver du froment, des grains quelconques, et les fréquents labours qu'on donnera au champ, ainsi que les engrais qu'on y conduira, seront au bénéfice de la vigne. Mais si la terre est assez substantielle, mieux vaut planter en pièce, car les allées de champ couvertes de céréales attirent la gelée; il arrive aussi quelquefois que les rangées de vigne sont écrasées par la charrue; les vignes sont difficiles à cultiver, et souvent le vin est de mauvaise qualité; tandis que la vigne qui est plantée en pièce sera facile à cultiver. Elle ne poussera point si vigoureusement et son vin sera meilleur. Pour pouvoir bien façonner la vigne, elle doit être espacée de deux mètres en ligne longitudinale et d'un mètre en ligne transversale.

TRAVAUX ANNUELS

QU'ON DOIT FAIRE A LA VIGNE.

La vigne demande dans ses premières années quatre façons : la première au mois de mars, la deuxième en mai, la troisième en juin ou juillet et la quatrième en octobre, et toujours par un beau temps, car on fait beaucoup de tort à la vigne en la cultivant par un temps pluvieux. Il faut aussi faire attention à ne pas fouiller la terre trop profondément à cause des racines qui se font le plus souvent entre deux terres végétales; pour peu qu'on en coupe, ou qu'on en mutile, on doit sentir que cela ne peut pas être favorable à la vigne. J'ai vu moi-même des ceps de bonne espèce donner du fruit à foison, et tout-à-coup, ne pousser que de faibles jets, et ne donner des raisins qu'en très-petite quantité. Cela provenait de ce que ces ceps si vigoureux avaient fait trois ou quatre fortes racines presque à la surface de la terre, et que la charrue en labourant plus profondément, en avait coupé quelques-unes; car une seule de ses racines se trouvant coupée, suffit pour tuer le cep. Ainsi, l'expérience m'a appris qu'il fallait bêcher la vigne plangement et lui conserver un lit de bonne terre pour qu'elle puisse y faire de bonnes racines; car il est prouvé à tout le monde, que dans de maigres terrains, si on pioche toute la terre végétale, il est impossible que la vigne puisse y faire de fortes racines. Le principal de tout, est de donner les façons dans le temps qu'il faut, et faire attention à les donner toujours avant que les herbes montent en graines; par ce moyen, on aura toujours des vignes propres. Les herbes au lieu de dessécher la terre, serviront de petit engrais en les enfouissant toutes vertes, plutôt que de faire comme certains vignerons qui les portent dans les chemins.

On doit envisager une chose bien essentielle ; c'est de ne pas négliger de donner à la vigne, lorsqu'elle aura atteint sa cinquième année, trois façons par an et le déchaussage qui peut compter pour une quatrième, autrement la vigne languit, la terre durcit et donne beaucoup plus de peine à travailler, le vigneron se dégoûte et fait mal l'ouvrage, et enfin le raisin n'a jamais la même qualité qu'il aurait eue si la vigne avait été bien cultivée. La vigne, en ce cas là, ne pourra obtenir qu'avec peine les principes de végétation dont elle ne doit jamais être privée; elle aura le sort d'un malheureux enfant qui ne trouve pas dans le sein de sa nourrice, deux sources de lait assez abondantes pour faciliter la croissance et le développement de ses organes. Si, au contraire, on anticipe sur les époques des façons, c'est-à-dire qu'on soit en avant de son ouvrage plutôt qu'en arrière, le vigneron aura beaucoup plus de courage, il fera mieux son travail; les mauvaises herbes n'auront pas le temps de dominer les ceps; la terre étant bien remuée entretiendra toujours sa fraîcheur même dans les plus grandes sécheresses; les raisins atteindront plus facilement leur grosseur naturelle, et contiendront beaucoup plus de moût. Le propriétaire même jouira d'un grand plaisir en passant dans son vignoble, voyant sa vigne posséder une verdure étonnante, chargée de fruits et nettoyée des mauvaises herbes; il pourra se flatter alors d'avoir le meilleur vin et d'être indemnisé avec usure de son travail.

L'époque du déchaussage doit être fixée au commencement de novembre avant que les pampres soient entièrement tombés, parce que les pampres venant

à tomber plus tard dans les déchaux, y seront retenus
et serviront d'abris et d'engrais. Si on est empêché de
de le faire dans cette saison, on attendra à la fin de
l'hiver, et l'on en pratiquera le déchaussage qu'au fur
et à mesure qu'on voudra tailler la vigne. Si l'on déchausse la vigne plantée dans des terres basses, humides, dans le fond de l'hiver comme font plusieurs
vignerons ignorants, on en verra les fâcheuses suites
qui auront pour résultat d'abréger la durée de cette
précieuse plante, car les déchaux pratiqués au pied de
chaque cep sont autant de réservoirs où séjournent
les eaux ; après ces eaux écoulées, arrivent de fortes
gelées qui serrent fortement la terre ; le dégel survient, et de nouvelles gelées ont lieu immédiatement
après le dégel : c'est un malheur pour la vigne qui
peut être saisie par la reprise du froid jusqu'aux es-
trémités les plus délicates de ses racines.

Le déchaussage est cependant d'une grande utilité, car
il est presqu'impossible de tailler la vigne proprement
si elle n'est pas déchaussée, au rapport de plusieurs
jets qui sortent de terre et qui épuisent inutilement
le cep. Ensuite le déchaussage détruit plusieurs insectes nuisibles à la vigne, qui se sont réfugiés sous les
pampres, tels que les escargots, les gribouris, etc.
Le déchaussage est aussi avantageux pour la première
façon qu'on donne à la vigne, en ce qu'on a beaucoup
plus de facilité pour s'approcher des ceps, et que la
terre provenant des déchaux a augmenté l'épaisseur
de terre destinée à piocher et y a maintenu la fraîcheur. Il est bon de laisser couler légèrement quelque

peu de terre fine au pied des ceps, et non pas laisser les racines de la vigne à découvert, exposées à l'ardeur du soleil et aux rigueurs de l'hiver.

INSTRUMENTS LES PLUS AVANTAGEUX

POUR LA CULTURE DE LA VIGNE.

Il est urgent de se procurer des instruments à ce qu'ils avancent les travaux, tels que la houe, appelée vulgairement marre. La lame doit avoir trente centimètres de longueur, vingt centimètres de largeur à sa partie supérieure et quinze centimètres de largeur au tranchant et très-recourbée vers le manche; son emploi est dans les terres douces, c'est-à-dire, dans les terres qui ne possèdent que très-peu de pierres, l'instrument passe librement et plangement, de manière que le travail se trouve fait régulièrement.

Les terres dans lesquelles abondent les pierres, les cailloux, et qui sont même quelquefois un obstacle à la culture de la vigne, là, il faut se servir de la pioche, appelée pic, instrument à deux branches aiguës, en forme de fourche. La longeur doit être la même que celle de la marre, l'intervalle entre les deux branches doit aussi être de la même largeur du tranchant de la marre et recourbée aussi beaucoup vers le manche. L'ouvrage fait au pic n'est pas meilleur que celui qui est fait à la marre, mais on est obligé de s'en contenter, vu qu'on ne peut pas faire mieux.

Dans les terres silicieuses, où la sécheresse empêche de bonne heure les vignerons ou leur défend presque entièrement la terre, on peut se servir d'une autre sorte de pic, celui à trois branches plates et aiguës, ressemblant absolument à une fourche à trois branches qu'on emploie dans les jardins, l'instrument est recourbé vers le manche comme les autres. Il paraît que la terre cède bien plus facilement et qu'elle se brise en bien plus petits morceaux qu'avec les autres instruments.

La bêche ou tranche ne doit être employée à la culture de la vigne que pour le déchaussage ; pour les autres façons, elle serait insuffisante, elle n'a pas assez d'avantage pour dépêcher les travaux. On peut cependant s'en servir pour le provignage, parce que sa longeur et sa largeur lui permettent de passer plus facilement dessous ou entre les sarments. Sa longueur doit être de trente centimètres, et sa largeur au milieu de quinze centimètres, et le tranchant douze centimètres.

TAILLE DE LA VIGNE.

Comme la vigne se taille tous les ans, c'est-à-dire, comme on est obligé de raccourcir le bois qu'elle a poussé l'aunée précédente, afin de renfermer les sucs nourriciers et la sève dans un plus petit espace pour avoir des fruits plus beaux et en plus grande quantité, suivant l'espèce de vin que l'on veut obtenir, car le plus souvent les propriétaires préfèrent la quantité à la qualité. Ici, on sent que le vigneron à besoin de de connaître les différents cépages pour diriger son travail en conséquence. On ne doit donner la première taille à la vigne qu'au bout de deux ans ; si toutefois elle a assez de force, on ne laisse seulement qu'un bourgeon et le plus bas possible, car si on laissait monter la vigne trop vite, les ceps seraient trop faibles, étiolés, et ne donneraient que de petites grappes. Il est reconnu que les ceps dont les membres s'élèvent verticalement donnent peu de raisins et de mauvaise qualité, tandis que ceux dont les membres se dirigent d'un côté et d'autre et portent leurs fruits jusqu'à ras terre, pourvu qu'ils n'y touchent pas, sont les plus beaux et les meilleurs ; d'ailleurs la vigne s'élève toujours assez par la suite.

A la deuxième taille, comme les bois sont un peu gros et assez longs, il faut choisir les plus propres à fournir des branches à fruits et leur laisser deux ou trois bourgeons ; on doit avoir le soin de faire tomber les bourgeons inutiles par où la sève s'échapperait et épuiserait le cep.

L'objet de la taille est d'entretenir à propos les branches qui doivent porter fruit, et d'entretenir une égalité de vigueur entre les pieds de vigne. Pour cela, la taille doit être en proportion avec la qualité du bois et de la terre qui le nourrit. Si la terre est extrême-

ment maigre et le bois un peu faible, on ne laisse
que deux bourgeons ou trois tout au plus sur le jeune
bois de l'année, afin que la sève, ne travaillant que
sur ce petit nombre de bourgeons, en tire des jets un
peu plus forts.

Si la terre est nourrissante et le cep vigoureux, on
laisse sur le jeune bois quatre ou cinq bourgeons pour
affaiblir l'action de la sève par ce partage, et pour
empêcher qu'elle ne pousse trop de nouveau bois.

La plupart des vignerons attendent le printemps
pour tailler leurs vignes ; le motif allégué pour ce retard, est qu'il survient quelques gelées tardives qui
détruisent les bourgeons déjà développés à l'extrémité des jeunes sarmants. La taille n'ayant pas encore
eu lieu, on rabat ces jeunes arbres sur les bourgeons
inférieurs, qui sont les derniers à pousser, et qui peuvent ensuite se développer sans danger sous l'influence
plus favorable de la saison.

Cette précaution, qui paraît bonne a de graves in-
convénients ; on attend quelquefois que les jeunes
pousses aient paru, et que la sève soit en pleine activité ; la vigne rend alors par les plaies nombreuses
causées par la taille une quantité d'eau considérable,
ce qui fait dire qu'elle pleure. C'est là un grand mal,
et cet abus ne peut qu'être extrêmement nuisible à la
force des jets, et par la suite à la beauté et à la qualité des raisins.

La véritable époque pour tailler la vigne, est aux
mois de janvier et février, car la sève travaille souvent
dès le mois de mars, grossit d'abord, en suivant son

cours naturel ; les bourgeons des extrémités qui sont justement ceux qu'on doit retrancher, trouvant ensuite le bout de ses canaux tout ouvert par la taille, s'échappe en pleurs jusqu'à ce que la chaleur la dessèche et en arrête la perte. La sève ne se dissiperait ni en pleurs ni en bourgeons inutiles, si la taille se faisait à l'époque que je viens d'indiquer ; mais, vu la quantité de vignes que chaque vigneron a à tailler, on ne peut guère faire autrement que de tailler un peu dans le mois de mars.

La serpette dont on se sert pour tailler la vigne, doit être bien tranchante, afin qu'elle fasse la coupe unie. Il faut aussi une main qui la manie avec adresse, qui n'aille pas en tâtonnant et à plusieurs reprises, comme le font trop souvent les ouvriers maladroits qui reviennent à plusieurs reprises pour faire une coupe ; l'inconvénient qui en résulte ordinairement est la perte du temps.

On doit toujours être muni d'une bonne pierre, d'un grain très-fin, pour donner le fil à l'instrument lorsqu'il commence à s'émousser ; car, dans tous les états, les mauvais ouvriers ont ordinairement leurs instruments mal aiguisés. Pourtant, on doit regarder comme un temps bien employé celui qu'on passe à affiler son outil.

Lorsqu'on taille la vigne, il faut mettre de l'attention et du soin ; les ouvriers négligents appliquent sans précaution la serpette sur le bois et la tirent obliquement avec force. Pour peu que la serpette ait le taillant gros, que le bois soit dur, et que la vigne ne soit pas bien enracinée, elle s'arrache ; si elle ne vient pas avec la serpette, les racines en éprouvent une violence préjudiciable, surtout celles qui sont faibles.

Il faut, pour éviter cet inconvénient, placer la pointe du pied opposé à la main qui tient la serpette, appuyer fortement contre le cep, plier un peu le bois, bien placer la serpette, et tirer ou pousser d'un coup de poignet bien assuré: la coupe alors se trouve bien unie.

La serpette destinée à tailler la vigne doit être faite de manière à pouvoir s'en servir avec les deux mains et à plusieurs objets : ce qui est très-utile pour couper les gros membres qui ne donnent plus de fruits.

Comme c'est surtout de la bonne conduite du cep, principalement dans les premières années de la plantation, que dépend sa réussite future, on ne saurait trop s'appliquer à le bien gouverner. On doit laisser de préférence les bois qui se trouvent en dehors et dans un sens opposé, afin de lui donner une forme agréable et commode, lequel doit avoir le dedans vide et bien garni en dehors.

Lorsqu'on s'aperçoit qu'un membre ne donne plus de fruit et qu'il ne pousse que de faibles jets, on doit recourir le plus tôt possible à l'amputation de ce membre; plus tard ne serait pas mieux, car il arrive souvent que, pour trop tarder, cette opération entraîne l'épuisement du membre qui l'avoisine, et cause même quelquefois la mort du cep.

On a voulu réformer la serpe pour pratiquer la taille de la vigne, en faisant usage du sécateur; mais prebablement que l'inventeur du sécateur et ceux qui portent à un si haut degré son utilité, n'ont jamais taillé la vigne ; car ils verraient comme moi qu'il est impossible de tailler bien proprement un cep sans le secours de la serpe ; quand bien même ce ne serait que pour enlever les gourmands qui se logent dans les gorges, les crochets, et même dans le dessous du cep, et qu'il est impossible d'aller chercher et d'ôter net avec le sécateur, car le moindre chicot est susceptible de pousser, s'il n'est pas enlevé proprement. En outre, c'est que, quand il s'agit de l'amputation d'un membre, on ne le fera pas avec le sécateur ; cet intrument aurait plutôt des succès énergiques pour couper les raisins et pour tailler les treillages.

GREFFE DE LA VIGNE.

L'usage de greffer la vigne est d'une grande ressource, soit pour rajeunir les ceps trop vieux, soit pour modifier les mauvaises espèces. Un vignoble peut être renouvelé ainsi à peu de frais ; dès la troisième année, il est en plein rapport. Voici comment on opère : on déchausse le pied de la vigne à l'aide d'une pioche jusqu'à ce qu'on ait mis les racines à découvert ; on coupe le cep, à l'aide d'une scie de jardinier ; on polit la section avec un instrument bien tranchant, puis on opère une fente dans le milieu du bois, avec une sorte de couteau que l'on enfonce au marteau. Il faut préparer d'avance un sarment que l'on tranche par son gros bout, de manière à lui donner la forme d'un coin. On fait entrer toute la partie tranchée dans la fente, de manière à faire rencontrer les écorces du sarment et du cep, afin que la soudure puisse s'effectuer sans difficulté ; cela fait, entourez de mousse mêlée d'un peu d'argile toute la partie découverte de la section ; maintenez-la en la serrant fortement avec un osier ; apportez-y un peu de terreau ; recouvrez-le avec un peu de terre meuble ou celle même provenant du pied du cep, et coupez les greffes en leur laissant deux bourgeons au-dessus du niveau du sol. Pour que l'opération réussisse, il faut se servir de sarments que l'on aura conservés en les enfouissant, dans presque toute leur étendue, dans la terre fraîche, immédiatement après la taille de la vigne.

La greffe de la vigne s'opère ordinairement en avril, parce qu'alors la sève entre en mouvement. On doit avoir le soin de marquer, au moment des vendanges, les espèces que l'on désire ; et en février ou mars, qui est le temps où l'on taille, on prend les plus beaux sarments de celles qu'on a marquées, et dont on a besoin pour greffer.

DES PROVINS.

Le provignement de la vigne est une ancienne habitude qu'on entretient encore aujourd'hui. Cette méthode n'est pas aussi avantageuse qu'on le croit, car c'est d'un mal en faire deux. Le provin donne du vin dès la première année; mais à proportion que le provin prend de la force, le maître cep s'affaiblit. J'ai vu des propriétaires tirer trois et quatre provins sur un même cep : c'est absolument comme si l'on saignait un homme aux quatre membres. A moins d'y suppléer par une quantité suffisante d'engrais, encore la réussite ne serait pas bien certaine.

Les provins ont pour objet de remplacer les pieds de vigne qui ont manqué. Voici la vraie manière de les faire : on couche dans la terre le plus beau jet qu'il faudrait perdre par la taille, on lui enlève proprement tous les bourgeons, excepté deux ou trois qu'il faut laisser à l'endroit où il doit faire des racines, en ayant le soin de les couvrir de terreau. Le sarment destiné à faire le provin doit être conduit par une rigole à l'endroit qui lui sera destiné ; la terre provenant de la rigole y sera remise immédiatement, en ayant le soin de la tasser fortement d'un bout à l'autre, afin de rendre le provin plus solide, car toute précaution qu'on puisse prendre, il ne fait jamais un cep si solide que celui qu'on aura obtenu par une bouture. L'opération étant faite, on coupera le sarment à deux bourgeons de terre.

Pour ménager les ceps sur lesquels on aura tiré des provins, il sera de toute nécessité de faire une entaille sur les sarments convertis en provins, et le plus près de la souche du cep qu'il sera possible. La quatrième année, les provins auront fait assez de racines pour pouvoir se passer du père, alors on les finira de couper dans l'endroit où on avait commencé.

DES MARCOTTES.

Les marcottes ou chevelures sont des sarments qu'on abaisse en terre en façonnant la vigne. L'époque à laquelle on fait les marcottes, est au mois de juin ou de juillet, pourvu que la terre soit fraîche. Elles ne tardent pas à faire des racines. Au mois de novembre, on coupe les marcottes pour les transplanter de suite; ce plant porte du fruit au bout de deux ans; mais sa durée n'en est pas plus longue; le trop grand nombre de racines qui compose le chevelu est nuisible, car les racines s'appauvrissent les unes et les autres. Il serait à propos d'en supprimer une grande partie.

Pour planter un vignoble de marcottes, on doit labourer le terrain, ensuite ouvrir des rigoles de 70 centimètres de largeur sur 30 de profondeur d'un bout à l'autre du champ. On y place les marcottes à deux mètres de distance les unes des autres, en ligne longitudinale, puis on les chausse de terre végétale provenant de la rigole voisine. Il faut que la terre de la deuxième rigole serve à remplir la première, et ainsi de suite. La terre végétale se trouve dans le fond et au bénéfice des marcottes. La terre infertile se trouve dessus; elle produit peu d'herbe, et par la suite, la chaleur bienfaisante du soleil la rend fertile. On rogne le plant à deux bourgeons hors de terre.

Cette méthode devient un peu coûteuse, mais elle offre de grands avantages, en ce qu'elle est plus vite en rapport. Les soins, les façons, doivent être les mêmes que pour les autres plantations.

DES CROSSETTES.

La crossette ou bouture est un plant sans racines, que le vigneron coupe, pendant l'hiver, au collet d'un cep de bonne espèce ; elle doit être taillée dans le vieux bois ; on doit même en laisser quatre ou cinq millimètres d'épaisseur qui soient coupés le plus proprement possible. Ce plant est préférable à tous les autres, en ce qu'on choisit les espèces plus facilement ; que la plantation est beaucoup plus facile et moins coûteuse, et que la durée de la vigne en est beaucoup plus longue.

La plantation des crossettes se fait avec un pieu en fer, appelé vulgairement barre, d'un poids assez lourd pour pouvoir s'introduire facilement dans les interstices des rochers ou des pierrailles. Tant maigre que soit le terrain, on peut parvenir à y faire prendre les crossettes, avec une petite quantité de terre végétale, bien émiettée, qu'on laissera couler doucement dans le trou fait par la barre, après y avoir placé la crossette, et qu'on aura soin de remplir avec de l'urine ou du jus de fumier. Si le jus de fumier n'est pas suffisant, on délaie de la fiente de bœuf ou de vache dans une certaine quantité d'eau. Cela fera presque le même effet. Quand on sera assuré du succès de la plantation, on viendra à son secours par le moyen du terrage.

VIGNE ÉLEVÉE EN PÉPINIÈRE.

Pour planter une nouvelle vigne auprès d'une vieille, ou pour remplacer les ceps qui auraient manqué dans un vignoble, on aura un grand avantage à se procurer des plants enracinés, et qu'on aura élevés en pépinière jusqu'à l'âge de trois ans.

Pour finir de bien garnir un vignoble, il est nécessaire de former une pépinière. Cette méthode ne sera pas sans succès; elle est bien préférable aux provins qui, le plus souvent, épuisent les ceps sur lesquels on les a tirés.

. Le terrain qu'on se propose de mettre en pépinière, doit être propre à la vigne, mais inférieur à celui qu'on aura destiné au vignoble. On comprend assez facilement que les jeunes ceps sortant d'une pépinière un peu maigre, transplantés dans un terrain surabondant, feront de grands progrès et étonneront même le propriétaire.

On lève les jeunes plants en novembre, et on les transplante aussitôt dans une terre bien préparée ; on les couvre de terreau ou de terre neuve ; ils doivent être plantés à 30 centimètres de profondeur; l'on coupe les sarmants à un bourgeon seulement hors de terre. On aura le soin de ne laisser pas plus de sarment que la force du cep le permettra, parce que le plus souvent ils donnent du fruit dès la première année de la transplantation.

FUMAGE DE LA VIGNE.

Les vignes qui seront plantées dans des terrains substantiels, et qui donneraient passablement de vin, on aurait tort de les fumer, vu que le fumier est toujours cher, et que le vin qu'on obtiendrait en plus grande abondance, serait de qualité inférieure. Mais il y a des terres qu'on ne peut pas se dispenser de fumer, telles sont les terres maigres, légères. Là, le fumier de bœuf ou de vache y fait des progrès; les terres froides, basses, humides et pesantes, le fumier de cheval, de mouton et de volailles, y est très bon.

L'époque à laquelle on doit fumer la vigne, est en automne, aussitôt les vendanges faites. Le moyen le moins coûteux et le plus avantageux pour fumer la vigne, c'est de la déchausser et de lui mettre de suite le fumier au pied, et de le couvrir de terre aussitôt. Les pluies et l'humidité feront couler le suc du fumier jusqu'aux racines, ce qui lui sera favorable pendant l'hiver. Mais aussitôt le mois de mars arrivé, il ne faudra pas tarder à bécher la vigne et éloigner un peu le fumier qui se trouvera toucher le pied du cep, car il ne tarderait pas à y faire des racines, qu'on ne pourrait détruire sans porter tort à la vigne.

On peut encore améliorer une vigne par des rigoles que l'on établit dans les mois de novembre ou de décembre, et que l'on remplit ensuite de fumier, de terreau, de tiges de maïs, de marc de raisins, etc. Ces rigoles doivent se diriger en lignes longitudinales ou transversales, et ne doivent avoir que 30 centimètres de largeur et autant de profondeur. Ce travail est pénible et fort couteux.

Les rigoles seraient avantageuses dans les terres basses et où l'eau se tient pendant l'hiver ; il faudrait alors qu'elles auraient au moins 50 centimètres de largeur et autant de profondeur, et les remplir de végétaux ligneux, tels que la bruyère, l'ajonc, les rameaux de buis, des branches de genèvrier, de ronces, de roseaux, de tiges de maïs, etc., etc. Tous ces végétaux devraient être enfouis avec leurs feuilles, car c'est dans cet état de fraîcheur qu'une douce fermentation s'établit promptement, et maintient la terre dans un juste degré de chaleur et d'humidité. Pendant quelques années, les eaux pourront circuler au travers, ce qui sera très avantageux pour rendre cette terre plus légère et plus facile à cultiver. Lorsqu'un certain nombre d'années se sera écoulé et aura réduit ces végétaux à l'état de terreau, alors les eaux seront encore empêchées de circuler ; mais on pourra en ouvrir d'autres entre les rangées de vigne qui n'en auraient pas encore eues, et qu'on aura le soin de remplir de la même manière ; car je crois qu'il est à propos de laisser une allée entre deux, sans y faire de rigoles, par rapport aux racines de la vigne qui se trouveraient coupées presque en totalité.

TERRAGE DE LA VIGNE.

Les vignes plantées sur des coteaux trop inclinés, et dont la pente est quelquefois si rapide, que les eaux pluviales entraînent la terre végétale dans les basfonds, il est donc indispensable, pour maintenir la vigne dans son même état de production, d'y retourner la même terre ou d'en apporter d'autre ; autrement la partie la plus élevée du vignoble sera réduite à peu de valeur. Il est vrai que c'est fort pénible, mais en agriculture on n'a rien sans peine.

J'ai vu des terrains montagneux et de peu de valeur, couverts d'un lit très mince de terre légère et de pierrailles, susceptible d'être entraîné tous les ans et même plusieurs fois dans la même année, où croissaient de très belles vignes ; mais, en vérité, les propriétaires, femmes et enfants, aucuns ne s'épargnaient ; tous mettaient du zèle et de l'intelligence, et transportaient des terres avec des tombereaux, des brouettes, des hottes, etc. Ce travail doit se faire après les vendanges, par un beau temps, ou dans l'hiver, lorsque la terre est gelée ; elle est alors plus légère.

On terre les vignes tous les dix ans, plus ou moins souvent, selon que les terrains l'exigent. Dans les

terres maigres, légères, on doit apporter des terres
grasses, très-substantielles, telles que celles qui pro-
viennent des fossés, des mares, ou qu'on aura levées
sur les chemins ou quelques gros sentiers. Si souvent
nuisibles aux chemins, ces terres peuvent être em-
ployées avec un grand succès. Toutes les terres dont
je viens de parler, sont susceptibles de contenir une
grande quantité de sel et de donner à la vigne une
nouvelle nourriture dont elle pourra se ressentir un
grand nombre d'années; car, à bien considérer, le
terrage est plus avantageux que le fumage, surtout
dans les terres légères.

Les terrains humides, argileux ou siliceux, qui sont
quelquefois submergés par les eaux une partie de
l'hiver, malgré qu'ils soient pourvus de bonne qualité,
la surface est sujette à se durcir dès les moindres chaleurs; ce qui les rend difficiles à travailler, et les
prive même d'être perméables aux influences de l'at-
mosphère. Il est un fait constant qu'en y répandant
une couche de terre légère, on parviendra à leur faire
perdre ce défaut.

Les terres calcaires pures, ou la marne calcaire
mêlée par couche avec du fumier, auront des effets
très satisfaisants.

RAVALEMENT DE LA VIGNE.

Les ceps qui auraient acquis, par leur vieillesse,
une hauteur trop élevée, et qui donneraient trop peu

de raisins, doivent être abaissés en terre. On creuse auprès du cep autant de rigoles qu'il aura de membres à abaisser, le plus profondément sera le meilleur. On enlève le plus proprement possible tous les chicots et les jets de l'année, avec le soin d'en conserver un ou deux des plus beaux, et qui se trouveront à l'extrémité des membres, lesquels devront être couverts de terreau ou de terre bien tassée, et rognés à deux ou trois bourgeons de la terre, suivant leur force. On aura dès la première année de très beaux raisins; on peut ainsi rajeunir une vigne et la faire produire encore longtemps, car le vieux bois étant enterré reprend une nouvelle vigueur.

Quand il manque beaucoup de ceps dans un vieux vignoble, on peut encore en remplacer une grande partie par le couchement des ceps. C'est pour ainsi dire un sacrifice qu'on fait de chaque cep, car il faut le déraciner presque entièrement, principalement du côté qu'on voudra le coucher et où il manquera le plus de ceps; on le fera plier à son pivot, en lui laissant seulement quelques racines pour le maintenir dans son état de fraîcheur; on étendra de côté et d'autre les trois ou quatre plus beaux jets qui y tiendront; on les couchera dans des rigoles de vingt centimètres de profondeur, pour faire autant de provins, lesquelles rigoles devront être remplies de terreau ou de fumier bien tassé, ainsi que le cep qui doit être couvert entièrement de terre, et si profondément qu'on ne doive pas le trouver en façonnant la vigne. Pour le remplacer, il faudra choisir le plus flexible des jets

qu'on lui aura passé dessous et fait sortir tout près de
son pivot, et qui devra, ainsi que les autres, être
rogné à deux bourgeons de la terre. Il y a de l'art à
bien faire ce travail, et il faut en avoir l'habitude.

MALADIES DES VIGNES

ET D'OU ELLES PROVIENNENT.

Le Chancre. — On doit savoir que la vigne, surtout
le cepage que nous appelons *balzac*, ne veut pas être
taillé par un temps pluvieux, et encore moins quand
la sève est en activité ; c'est d'où provient cette maladie. La preuve en est grande, lorsqu'on voit tous les
vignobles situés dans des terrains aquatiques, couverts
de ces ulcères cancéreux que nous appelons vulgairement gale. Le meilleur remède est d'opérer la taille
par un temps sec et avant que la vigne pleure ; les
membres malades doivent être enlevés très-proprement.

La Stérilité. — Les ceppages qui ne donneraient
pas de fruits ou qui couleraient tous les ans, on ne
connaît pas d'autres moyens que la greffe, en ayant
la précaution de choisir les espèces les plus fécondes.
Si la greffe ne réussit pas, on arrache le cep, et on a
recours au provignage.

La Gelée. — Cette maladie cause quelquefois de
grandes pertes ; elle cause non-seulement un grand
dommage la même année, mais elle gâte la taille de

l'année suivante, On n'y connaît presque pas de re-
mèdes, à moins que ce soit quelques plantiers auxquels
on tiendrait, et qui seraient à la proximité de l'eau,
on pourrait, lorsque la gelée serait déclarée, arroser
fortement. Ce travail doit se faire avant le lever du
soleil, car c'est lui qui fait le plus de mal, surtout
quand il est vif et que le ciel se trouve clair.

La Coulure. — Cette maladie est causée par les
brouillards du mois de juin, qui ont lieu quelquefois
au moment de la floraison ; elle fait beaucoup de mal,
surtout sur les hauteurs et sur les plus grands cepages, ce qui doit nous faire connaître qu'il ne faut
pas trop élever la vigne, principalement dans les endroits où on n'a pas à craindre les gelées. Il faut au
contraire donner aux ceps une forme large, basse et
bien trapue ; ce sont les ceps qui donnent les plus
beaux raisins.

La jeune vigne est plus sujette à la coulure, parce
qu'elle pousse toute sa force en bois et que les ceps
n'ont pas encore atteint l'âge de puberté. On a essayé
dans quelques localités, au moment de la floraison,
de rogner la pointe des sarments, croyant, par cette
opération, la faire mieux retenir ; mais tout cela ne
signifie rien : il faut que le bois pousse sa force. Cette
méthode est à mes yeux plutôt un préjudice qu'un
avantage, car la vigne étant vigoureuse, est forcée de
repousser, même à tous les nœuds, ce qui forme une
espèce de buisson désagréable à la vue et nuisible à
la maturité des raisins. J'en ai vu beaucoup pour-
rir plutôt que de mûrir.

La Phthisie. — Cette maladie est faute de suffisante nourriture. La vigne jaunit et se dessèche ; on doit en ce cas là supprimer tous les membres malades, la tailler fort court, y apporter des terres substantielles ; en un mot, lui donner un surcroît de culture.

La trop grande effusion de la Matière. — Plusieurs propriétaires s'étonnent de la courte durée des vignes ; la plupart des vignerons ne savent même pas d'où cela provient. Ce n'est cependant pas difficile à concevoir ; il y a plusieurs choses qui y contribuent : 1º de planter une vigne dans une terre où il y en avait une depuis peu de temps ; 2º le déchaussage dans le fort de l'hiver ; 3º de planter une vigne dans un terrain qui ne lui est pas propre ; 4º le surcroît de culture et de mettre trop tôt la vigne à fruit ; 5º de tailler la vigne trop court, surtout dans les terrains surabondants : la vigne se trouve avoir une excessive nourriture ; c'est là où elle trouve la mort, et même très-promptement, avant d'avoir donné beaucoup de vin. Pour éviter ce mal, il faut surcharger la vigne en la taillant très-long, ou mieux encore, ne pas planter en vigne les terrains si riches en humus, desquels on pourrait tirer des produits peut-être plus avantageux.

La Mousse. — Cette plante parasite peut aussi être considérée comme une maladie de la vigne ; elle se nourrit entièrement de la substance du cep qui la porte, et sert aussi de retraite à plusieurs insectes ennemis de la vigne, qui vont s'y cacher, et sous laquelle ils trouvent un abri contre les rigueurs du froid, dans l'hiver même le plus rude. Il faut donc l'enlever soi-

gneusement au moment du déchaussage ou de la taille ;
cela faisant, on rencontre quelques chicots qui sont
cachés dessous, et qu'il est aussi très-utile d'enlever.

INSECTES NUISIBLES A LA VIGNE,

AVEC LES MOYENS DE LES DÉTRUIRE.

L'Escargot. — C'est une espèce de limaçon à coquille;
il y en a de plusieurs espèces et qui diffèrent en couleur et en grosseur. Les dégâts que causent ces ani-
maux dans les vignobles, principalement dans les
terres calcaires et sablonneuses, ne sont que trop
connus, car j'en ai vu dépouillés totalement de leurs
feuilles. Le vrai moyen de les détruire est de choisir
un temps pluvieux ou le matin à la rosée. Quelques
riches propriétaires paient des femmes et des enfants
pour les ramasser avec soin. Un autre moyen encore
aussi avantageux, c'est le déchaussage de la vigne.
Comme on opère ce travail ordinairement dans l'hiver,
on déplace les escargots ainsi que d'autres insectes
qui s'y étaient réfugiés, et ils sont ensuite saisis par
le froid.

La Bêche. — Cet insecte, au lieu de tête, a une
espèce de trompe très-dure, longue, armée de plusieurs scies, avec lesquelles il fait beaucoup de tort
aux raisins et aux feuilles, dont il s'enveloppe pour y

déposer ses œufs. En hiver, il se retire sous terre ou dans du fumier ; c'est là qu'on doit le surprendre, autrement c'est difficile.

Le Gribouri. — Cet insecte est connu aussi sous la dénomination de coupe-bourgeon ; il est du genre scarabée et ressemble à un petit hanneton de couleur brune. On connaît que la vigne en est attaquée, lorsque ses feuilles sont criblées et qu'elle donne peu de fruits. Il se cache dans la terre pendant l'hiver, attaché au pied du cep ; il en ronge même les racines les plus tendres. Il sort de terre au printemps, lorsqu'il n'a plus à craindre les frimats, et se jette sur le feuillage ; il s'en nourrit et pique les boutons à fruits et les jeunes jets, ce qui les fait mourir. Pour parvenir à le détruire, il faut semer des fèves dans divers endroits du vignoble ; il quitte la vigne pour se nourrir de ce nouveau feuillage, que l'on enlève à propos avec les insectes qui y logent, pour brûler le tout dans le plantier. On peut le prendre aussi avec du fumier.

La Fourmi. — Cet insecte est connu de tout le monde : il y en a de plusieurs espèces, mais c'est surtout la rouge qui est la plus malfaisante ; il est très-difficile de la chasser ; elle ronge quelquefois les racines de la vigne au pied de laquelle elle a fait son nid. Il faut, si ce n'est pas trop près des ceps, soulever la fourmilière, et verser dessus de l'eau bouillante, ou y faire du feu. Celles qui échapperont à ce ravage, certainement, changeront de logement.

La Chenille. — Les espèces de chenilles sont très-nombreuses, mais il n'y a que celles qui croissent le plus souvent sur les orties qui sont fatales à la vigne ; elles en dévorent les jeunes pousses lorsqu'elles les rencontrent ; elles sont de la grosseur du pouce, velues, d'une couleur obscure. Heureusement qu'elles ne sont pas en très-grand nombre ; on ne connaît pas d'autres moyens pour les détruire, que de les écraser lorsqu'on les trouve, ce qui est quelquefois par hasard.

DURÉE DES VIGNES.

En général, la vigne blanche dure plus long-temps que la noire ; mais comme le vin blanc est d'une qualité médiocre, et qu'il devient le plus souvent défectueux, c'est ce qui détermine les propriétaires à planter ensemble le blanc et le noir. En outre de cela, on prétend que la vigne blanche ne se nourrit pas des mêmes substances que la noire ; que la première a pour son aliment principal les matières sulfureuses, et contient d'autant plus de *spirituosité* que cette matière est abondante, de même que la vigne noire a pour elle les matières ferrugineuses, et que la couleur foncée du vin rouge est en proportion du fer que possède le vignoble.

Le climat a aussi une grande influence sur la durée de la vigne, car vers le nord les vignes durent ordinairement plus long-temps, et cela parce qu'elles ne donnent pas autant de vin, Il est prouvé que la grande fécondité épuise la vigne et abrège sa durée.

VIN TOURNÉ A L'AIGRE.

Cette maladie lui vient quelquefois du tonneau dans lequel il a fermenté, soit qu'il ait resté trop long-temps sur le marc, ou qu'on ait, par mégarde, laissé tomber quelque chose contre le tonneau, ce qui aurait fait transcouler le marc; car on doit savoir qu'il n'y a guère que les deux tiers du marc qui trempent dans le vin, et que l'autre tiers reste à sec; qu'ainsi, faute de tremper dans le vin, il s'aigrit; alors, il ne serait pas étonnant que ce déplacement lui eût causé ce mal.

Dès que le vin a une pointe d'acide de formée, il n'est guère possible de faire rétrograder sa marche. Les vins parvenus à cet état ne seront point propres à faire de bonne eau-de-vie, ni même de bon vinaigre. Enfin, il n'y a guère de remède que de se hâter de les consommer, parce que tous les moyens qu'on pour-rait employer, serviraient peut-être plutôt à les dé-composer entièrement qu'à les améliorer; car un vin raccommodé vaut quelquefois moins qu'auparavant.

VIN GRAS.

Cette altération, qu'on appelle vulgairement tourné au gras, paraît due à la formation d'une espèce de *gliadine;* elle a lieu plus particulièrement sur les vins blancs. Ils deviennent filants ou glaireux; dégoûtants à boire. On y remédie au moyen d'un peu de tannin dissout dans l'alcool, et versé dans le vin. Il forme alors, avec la substance glaireuse, un composé insoluble qui se précipite, et le vin recouvre en grande partie ses premières propriétés. On peut encore y remédier en leur imprimant du mouvement et en les transvasant, avec le soin de les mettre dans des futailles récemment vidées.

DE LA BONNE CONDUITE DES VAISSEAUX VINAIRES.

Quand la fermentation du vin est complète, il s'agit de le décuver, c'est-à-dire de transvaser le vin dans les tonneaux destinés à cet usage ; on doit apporter le plus grand soin au choix de ceux-ci. Le chêne est le bois le plus propre à leur construction.

Un bon vigneron doit maintenir ses futailles dans un état de propreté, au point de donner un bon goût au vin qui n'en aurait pas ; car, moi-même, j'ai mis du vin plat, qui n'avait point de bouquet, dans des futailles bien propres, bien soignées, et dans lesquelles il avait été mis, l'année précédente, du bon vin ; alors le vin nouveau, quoique inférieur, était délicieux ; il s'était approprié le bouquet et le bon goût que le premier avait laissé.

Lorsqu'une futaille est vide, on choisit un beau temps pour la rincer ; on la lave jusqu'à ce que l'eau en sorte claire, surtout si c'est une lie blanche; on l'expose au soleil pour la sécher, ensuite on y verse un litre de bon vin, plus ou moins, suivant la grandeur du vaisseau; on le roule sur tous les sens, afin que le vin passe partout; on l'égoute de nouveau, puis on le met sur bonde. Si c'est une lie rouge, et que le vin qui l'occupait ait été frelaté, il suffira de le mettre sur bonde, parce que d'y passer de l'eau, il vaudrait peut-être moins qu'auparavant.

MÉTHODE POUR FAIRE LE VINAIGRE.

On emploie, pour la fabrication du vinaigre, tout le marc qui se trouve au-dessus du vin, dans les cuves, après la fermentation. Ce marc n'ayant pas trempé dans le vin, contient une chaleur très-manifeste. On le dépose dans une cuve à part; c'est alors qu'il s'établit une fermentation plus forte qu'auparavant, et qu'en la provoquant, elle s'aigrit au point que le vinaigre se trouve tout fait; il n'y a plus qu'à pressurer le marc, et le déposer dans une futaille de bon goût. On peut se servir du même vinaigre pendant plusieurs années, en ayant le soin de l'entretenir toujours avec du bon vin; car la moindre quantité d'eau suffirait pour qu'il se gâte.

MANIÈRE DE PRÉPARER LE VERJUS.

On emploie, à ce sujet, les raisins qui ne sont pas encore mûrs, quoique le verjus ne puisse être considéré, à la rigueur, comme un véritable vinaigre, puisqu'il n'est pas le produit de la fermentation acéteuse ; c'est un acide malique, plus ou moins pur, que la pression séparée des raisins encore verts, et qu'on fait dépurer par un léger mouvement de fermentation vineuse.

Cette opération est toute simple ; il s'agit de prendre les raisins encore verts, de les écraser et de les laisser ainsi fermenter dans un vaisseau, à découvert, pendant l'espace de quinze à vingt jours ; ensuite, on exprime le jus par le moyen d'une presse ; on le laisse dépurer pendant vingt-quatre heures ; on le filtre à travers une toile bien épaisse, et on le conserve pour les différents usages, en mettant une couche d'huile par-dessus. Les bouteilles doivent être très-propres et bien fermées.

L'ART DE FAIRE L'EAU-DE-VIE.

Ce sont les vins blancs que l'on doit, de préférence, convertir en eau-de-vie, ou ceux qui sont à bas prix, et qui n'ont pas de demande ; il faut, en outre, que les vins qu'on veut distiller, aient au moins un mois après leur complète fermentation , sans attendre qu'ils soient éclaircis ; ils fournissent, dans cet état , beaucoup plus d'esprit qu'au bout de l'année. C'est des vins blancs que l'on tire la meilleure eau-de-vie ; celle que produit le vin rouge , est toujours moins suave. En général , les vins qui ont fermenté en grande masse dans les tonneaux , fournissent toujours plus d'esprit.

Les vins dont la fermentation a été trop long-temps continuée , sont plus chargés de parties colorantes , et produisent moins d'esprit que ceux qui ont cuvé moins long-temps. Les vins qui auront été tenus dans des vaisseaux trop long-temps débouchés, sont dans le même cas. Dans les années froides, les vins fournissent ordinairement moins d'eau-de-vie, mais en revanche, elle est de meilleure qualité; dans les années chaudes, ils sont plus spiritueux, et l'eau-de-vie moins agréable. Enfin , les vins éventés , et qui sont devenus acides par l'absorption de l'air atmosphérique , donnent encore peu d'eau-de-vie, et d'une qualité inférieure.

DE LA CHAUDIÈRE.

C'est sur le principe de volatilité que possède l'un des principaux éléments qui entrent dans la composition du vin, qu'est fondé l'art d'extraire l'eau-de-vie. A cet effet, l'on se sert d'alambic, qui est un vaisseau en cuivre, composé de quatre pièces principales : la chaudière, le chapeau, le bec du chapeau et le serpentin.

La chaudière varie de grandeur et de forme, suivant les habitudes de chaque contrée ; plusieurs propriétaires tiennent à l'élégance de l'appareil, dont le
genre change si souvent et où le plus grand bénéfice
est pour le fabricant.

La forme la plus ordinaire, c'est un cône tronqué,
d'environ quatre-vingts centimètres de hauteur perpen-
diculaire, et quatre-vingts centimètres de diamètre
au cercle de la base. Le fond est une platine avec un
rebord de huit centimètres environ, cloué tout autour
du cône avec des clous de cuivre rivés. Cette platine
doit être légèrement inclinée du côté du déchargeoir,
ce qui donne de la facilité pour vider ce qui reste dans
la chaudière après la distillation. Ce déchargeoir a un
cylindre plus ou moins long, suivant l'épaisseur du mur
qu'il doit traverser pour conduire la vinasse dehors.

Presque au bout de la chaudière sont placées trois
anses de cuivre, clouées avec des clous de cuivre rivés
contre la cucurbite, et leurs parties saillantes sont
noyées dans la maçonnerie du fourneau ; ces anses
supportent la cucurbite, et c'est par ces seuls points
que la partie inférieure de la cucurbite touche aux
parois du fourneau, de sorte que la chaleur circule
tout autour de cette partie : au-dessus des anses et
jusqu'au haut de la chaudière, la maçonnerie l'em-
boîte exactement. La partie supérieure de la cucurbite se rétrécit par un collet cloué et rivé, dont l'ouverture est réduite à un pied de diamètre.

Le chapeau doit avoir l'ouverture à peu près égale
à celle du collet de la cucurbite, afin d'y être adapté

et luté le plus exactement possible, pour éviter l'é-
vaporation des vapeurs de l'esprit ardent. Il doit
être en cuivre étamé ; son bec ou plutôt sa queue doit
avoir environ soixante-dix centimètres de longueur
sur dix de diamètre auprès du chapeau, et trois au
bec, c'est-à-dire à l'extrémité qui se réunit avec le
serpentin renfermé dans un tonneau, nommé pipe.
La pente de ce bec doit être d'environ vingt centimètres sur toute la longueur ; il est cloué à la tête du
chapeau et est soudé avec lui.

Le serpentin est formé de cinq cercles inclinés les
uns sur les autres, suivant une pente régulière, dis-
tribuée dans toute la hauteur, qui est d'environ un
mètre quinze centimètres. Le bec du chapeau doit
entrer à douze centimètres dans l'ouverture du serpentin. Cet instrument est construit de feuilles de
cuivre battu, soudées ensemble avec une soudure forte ;
la prolongation en spirale est maintenue par trois
montants assez minces, en fer battu, armé d'anneaux,
par où passent les révolutions du serpentin ; ils la
fixent et lui servent de support dans cette partie. L'extrémité inférieure du serpentin sort à la base de la
pipe ; là, elle rencontre un petit entonnoir dont la
queue est plongée dans le bassiot, vaisseau qui sert
à recevoir l'eau-de-vie qui coule par le serpentin.

DE LA DISTILLATION DES EAUX-DE-VIE.

Plus la chaudière aura de surface, plus la distillation sera rapide, et l'eau-de-vie courra moins de dan-

gers de prendre un mauvais goût. Comme elle s'exécute par évaporation, et que l'évaporation n'a lieu que par les surfaces, il est beaucoup plus avantageux d'avoir une chaudière d'une grandeur considérable; car, c'est en travaillant en grand qu'on gagne le plus.

Pendant la distillation, le vin bout fortement dans la chaudière et occupe un plus grand espace, de manière que si elle est trop remplie, les bouillons monteront au-dessus de la chaudière. Pour éviter cet inconvénient, il faut, en la chargeant, laisser vingt centimètres d'intervalle entre le vin et le chapeau. Plus le vin est nouveau, plus il exige d'espace entre la surface et le collet de la chaudière. Quand celle-ci est chargée, on s'empresse de la couvrir de son chapeau le plus promptement possible, et avant d'allumer le feu, de crainte qu'une partie du spiritueux ne s'évapore.

Lorsque la chaudière est coiffée, il est de la plus grande importance de garnir le fourneau avec du bois le plus combustible, afin d'exciter promptement un grand feu, ce qu'on appelle mettre la chaudière en train. En modérant trop le feu, la partie spiritueuse se combinerait en pure perte avec ce qui resterait dans la chaudière.

Après qu'on aura mis le feu sous la chaudière, on adaptera la queue du chapeau au serpentin; la pipe devra être remplie d'eau, et le bassiot placé au bas du serpentin, afin de recevoir l'eau-de-vie qui va couler. Il faut presser le feu jusqu'à ce que la vapeur qui sort du vin et qui monte au fond du chapeau, commence à entrer dans le serpentin, et qu'elle soit prête à couler, ce que l'on connaît en appliquant la main à la naissance du serpentin où il se réunit avec la queue du chapeau. La chaleur de cette partie prouve qu'une quantité suffisante de vapeur est déjà passée.

De suite on cesse de brûler le menu bois ; on le remplace par les bûches, et de manière à remplir le fourneau, afin qu'il y en ait assez pour faire venir toute la bonne eau-de-vie. On laisse un vide entre les bûches, afin d'attirer un courant d'air capable d'entretenir l'ignition ; ensuite on ferme la porte du fourneau. Lorsque le bois est réduit en braise, on pousse la tirette pour fermer la cheminée, et concentrer sous la chaudière toute la chaleur. L'ouvrier accoutumé à ce travail se trompe rarement ; il augmente ou diminue l'activité du feu à l'aide de la tirette, qui produit un plus ou moins grand courant d'air.

Dans les premiers instants de la distillation, il sort par le bec inférieur du serpentin une grande quantité d'air, ensuite du phlegme un peu chargé d'esprit, enfin de l'eau-de-vie. Si le filet qui paraît est très-considérable, il faut diminuer le feu ; s'il est trop faible, il faut l'augmenter. Cependant, si le courant d'eau-de-vie est fin, elle est meilleure ; si le courant est gros et trouble, c'est une preuve que le vin bouillonne et passe de la chaudière dans le serpentin. Il faut y remédier au plus vite, sans quoi le chapeau serait détaché de la chaudière par la force de la vapeur, et mettrait peut-être le feu à l'appartement ; alors on se hâte de jeter de l'eau sur le feu ou plustôt sur le chapeau.

Après le phlegme, la première eau-de-vie qui paraît atteint le plus haut degré; de temps en temps, on
examine ce degré avec l'éprouvette ou avec un aréo-
mètre. Si on désire avoir séparément l'eau-de-vie
forte, on enlève le bassiot et on le remplace par un
nouveau. Dès que c'est coupé, c'est-à-dire qu'il coule
de l'eau-de-vie seconde, on aura aussi le soin de la
mettre à part; et pour la rendre propre au commerce,
il faut lui faire subir une nouvelle chauffe, pour ne
pas perdre l'esprit contenu dans le phlegme.

Pour s'assurer s'il ne reste plus d'esprit dans l'eau
qui continue à distiller, on reçoit de cette eau dans
un vase, et on la jette sur le chapeau brûlant de la
chaudière; puis on présente une lumière à l'endroit
où ce fluide s'évapore. S'il se manifeste une petite
flamme bleuâtre, c'est une preuve qu'il reste de l'esprit; l'absence de la flamme annonce le phlegme simple, alors on ouvre le robinet de décharge, la vinasse
s'écoule, et avec de nouvelle eau on lave exactement
la chaudière.

DE LA DISTILLATION DE L'ESPRIT DE VIN.

Il est très-avantageux de convertir les eaux-de-vie
en esprit, parce qu'il faut moins de futailles; sous un
plus petit volume, le prix est augmenté, les frais de
transport sont moins considérables, et la liqueur,
étant dégagée de tout corps étranger, est plus fine.

Plusieurs bouilleurs se servent des alambics qui ont

servi aux premières distillations ; mais il faut considérer
que ce travail exige beaucoup de précautions. Il faut
exactement modérer le feu, afin que l'esprit monte doucement et coule en filet très-fin ; dans ce cas, le bouil-
leur est obligé d'entretenir la plus grande fraîcheur
dans l'eau des pipes, autrement l'esprit monterait avec
rapidité, ferait peut-être déluter le chapeau de la chaudière, et pourrait occasionner un incendie. Ainsi
l'opération demande beaucoup de temps et de diligence,
encore cette méthode entraîne quelquefois des obstacles
préjudiciables à la bonne qualité de l'esprit ; en ce que
le feu pénètre trop facilement le cuivre de la chaudière
sur laquelle il agit directement, et qu'il monte peu
d'huile essentielle de vin, huile âcre, mordante, et
dans ce cas, augmente l'acrimonie. Le meilleur moyen
à employer est de distiller au bain-marie.

Lorsqu'on distille au bain-marie, on introduit dans
la cucurbite un second vaisseau de cuivre étamé, du
même diamètre que celui de la cucurbite, et de soixante
centimètres environ de profondeur ou adapté au même
chapiteau ; les trois pièces réunies forment l'alambic
propre à distiller au bain-marie.

La chaudière est remplie d'eau ; dans cette chaudière
est placé le bain-marie, plein d'eau-de-vie, jusqu'au
point convenable ; enfin le tout est recouvert de son
chapeau uni au serpentin ; et lorsque l'eau bout, sa
chaleur fait volatiliser l'esprit contenu dans l'eau-de-
vie ; il monte presque seul, et on obtient de l'esprit
très-pur. Si le fluide contenu dans le bain-marie
éprouvait le même degré de chaleur que celui de la

chaudière, l'esprit et le flegme monteraient ensemble ;
mais l'expérience a prouvé que le fluide environnant
souffre un plus grand degré de chaleur que le corps
environné ; c'est pourquoi l'esprit monte seul, ou
presque seul, puisque le flegme ne saurait se volatiliser
au degré de l'eau bouillante qui l'environne. L'esprit
obtenu par ce procédé est beaucoup moins chargé
d'huile essentielle de vin.

DE LA DISTILLATION DES MARCS DE RAISIN.

Après avoir obtenu par le pressoir le vin contenu
dans la vendange, on divise la masse solide du marc
resté sur le pressoir ; on l'émiette le plus qu'il est possible. Ce marc, ainsi divisé, est porté dans des tonneaux destinés à sa fermentation. Comme il reste dans
ce marc une portion sucrée, dont la pression n'a pas
entièrement dépouillé les baies et les grappes de raisins, on ajoute quelques seaux d'eau sur ce marc ; elle
humecte toute la mssse ; peu à peu la fermentation
vineuse s'établit ; la chaleur augmente, et son augmen-
tation décide de la quantité d'eau qu'on doit y ajouter
chaque jour ; car si on noyait ce marc, la surabondance
d'eau diviserait trop la partie sucrée, et la fermentation vineuse passerait à l'acéteuse ; n'ayant plus de
proportion entre elle et l'eau, la putridité se manisfes-
terait bien vite. Pendant la fermentation, le vaisseau
doit être recouvert exactement afin de retenir le gaz
acide carbonique, et le principe inflammable, appelé

hydrogène. L'un et l'autre contribuent puissamment à mettre en mouvement la partie sucrée, la vraie base de l'esprit ardent.

Lorsque la fermentation est complète, ce qui est très-facile à connaître à l'odeur et au degré de chaleur que contient le marc, c'est le moment qu'il faut saisir pour le jeter dans l'alambic ; la quantité d'esprit ardent qu'il rendra sera plus ou moins grande, suivant que la masse sera volumineuse, ou, suivant sa qualité, la chaleur, la saison, et même l'espace vide entre le couvercle et le marc. Si cet espace est proportionné, la fermentation sera plus prompte et formera plus d'esprit ardent.

Comme il est rare que l'eau-de-vie qu'on retire par ce procédé n'ait pas un mauvais goût, je conseillerai plutôt de tirer l'eau vineuse du tonneau comme on ferait au vin nouveau. On remplit les futailles, on pressure le marc ; puis on mêle ce second produit avec le premier ; enfin on conduit ce petit vin comme le vin ordinaire, avec le soin de boucher les futailles le plus tôt possible. Quand ce petit vin est reposé, ou à la fin de l'hiver, on le soutire, on le distille, et l'eau-de-vie qu'on obtient est douce.

Si le vin est à trop bas prix, et le bois trop cher, on aura peu de bénéfice à distiller ce petit vin. Mais si le vin est cher et le bois abondant, on aura vraiment du bénéfice à distiller les marcs. Il est possible que l'art peut enrichir ces petites eaux-de-vie, en y ajoutant quelques litres de bonne eau-de-vie et quelques substances sucrées.

DE LA DISTILLATION DE LA LIE.

La lie est le sédiment du vin, c'est-à-dire ce qui reste au fond du tonneau ; elle peut fournir de l'eau-de-vie au besoin. Le meilleur procédé à employer pour la distillation, c'est de la noyer dans de l'eau chaude ; de la remuer, de la diviser et de la filtrer ; ce produit tiré au clair, donne une eau-de-vie de qualité inférieure, mais elle n'a pas le goût défectueux que lui laissent ordinairement d'autres procédés.

On peut encore tirer de la lie un vin propre à la fabrication du vinaigre ; pour l'en retirer, il faut la tenir quelque temps dans une étuve, chauffer les plaques, les mettre dans des toiles et les presser dans cet état, alors le vin s'en échappera facilement.

L'ART DE COMPOSER QUELQUES LIQUEURS.

DES FRUITS A L'EAU-DE-VIE.

ABRICOTS.

Les abricots sont des fruits très-succulents et très-recherchés pour mettre dans l'eau-de-vie. Avant de les y mettre, il faut avoir le soin de les essuyer avec une serviette fine pour en ôter le duvet. On les pique ensuite; on fait cuire du sucre au perlé et on y met les abricots pour leur faire prendre un bouillon; après les avoir laissés un instant au feu, on les retire et on y verse de bonne eau-de-vie. La quantité de sucre employé à cet égard doit dépendre du goût des personnes; les abricots doivent toujours baigner dans l'eau-de-vie.

CERISES.

Les cerises offrent un grand nombre de variétés, mais on emploie de préférence les guins ou guignolets, espèce de cerise très-grosse, d'une couleur violette et d'un goût un peu acide. On coupe la moitié de la queue, on les met dans les bocaux, puis on verse l'eau-de-vie en y ajoutant un peu de cannelle et de girofle renfermés dans un petit nouet de linge. Au bout d'un mois, ou environ, on mettra le sucre qu'on jugera à propos.

CITRONS.

Ce sont de petits citrons qu'on emploie avant leur maturité et auxquels on donne le nom de chinois. La manière de les apprêter est de les piquer et de les mettre dans l'eau bouillante avec une poignée de cendre renfermée dans un nouet de linge; il faut les laisser infuser un peu, mais ne pas leur donner le temps de cuire; on les met ensuite dans l'eau fraîche, qu'on aura

le soin de renouveler trois ou quatre fois de moment
en moment. Les fruits étant bien égoutés, on les fera
cuire dans un sirop léger. Après avoir arrangé les fruits
dans les bocaux, on verse par-dessus le sirop et deux
fois son poids d'eau-de-vie.

ORANGES.

Les oranges sont des fruits doux, sucrés et légèrement aigrelets. Il faut les confire au sucre avant de les
mettre dans l'eau-de-vie. On les pique, puis on fait
cuire du sucre au perlé et on y met les oranges pour
leur faire prendre un bouillon ; on retire les fruits avec
précaution pour les arranger dans les bocaux ; le sirop
étant un peu refroidi, on y ajoute de l'eau-de-vie à
plusieurs reprises et qu'on aura soin de verser par-
dessus les oranges. Les bocaux devront être bouchés
soigneusement, ainsi que toutes les liqueurs spiri-
tueuses.

PÊCHES.

Les pêches sont les fruits les plus farineux qui mûrissent dons nos climats. Il y en a plusieurs variétés,
et toutes peuvent se conserver dans l'eau-de-vie. La
manière de les apprêter consiste à bien les essuyer avec
un linge pour enlever le duvet et à les inciser légèrement avec une épingle. Les pêches étant ainsi préparées,
on fait cuire une quantité de sucre proportionnée à la

quantité de pêches ; quand il est cuit, on retire le
vaisseau du feu ; un instant après on y met les pêches,
on les roule dans le sirop avec une cuillère de bois ;
puis on met le vaisseau sur un feu modéré et on continue d'agiter le fruit pour qu'il s'échauffe également
dans toutes ses parties. Quand les pêches commencent
à changer de couleur, on les enlève et on les laisse
égouter ; après cette opération, on verse de l'esprit de
vin dans le sirop et le suc qu'elles ont rendu ; on agite
fortement ce mélange, on le filtre au travers une chausse
de drap, et on verse cette liqueur dans un vaisseau
destiné à cet usage ; on y coule les pêches les unes après
les autres ; quelques jours après on y verse encore un
peu d'esprit de vin.

POIRES.

Les poires offrent des variétés considérables : mais
ce sont celles dites de rousselet qu'on emploie à cet
usage ; elles sont médiocres dans leur grosseur, plus
longues que rondes, leur couleur est d'un gris roussâtre
d'un côté et rougeâtre de l'autre ; elles mûrissent vers
le commencement de septembre. Lorsqu'on a fait un
bon choix de ces poires, on les met dans l'eau froide,
on met le vaisseau sur le feu et on chauffe le liquide
sans le faire bouillir jusqu'à ce que les poires mollissent
sous les doigts ; on les tire avec une cuillère et on les
met dans l'eau froide ; on ratisse la queue, on enlève
la peau le plus délicatement possible et on les met dans

une eau bien limpide ; on fait ensuite décuire une cer-
taiue quantité de sucre et on y plonge les poires qu'on
laisse bouillir pendant un quart d'heure environ ; on
les met dans un vaisseau, on ajoute au sirop une quantité suffisante d'esprit de vin que l'on verse par-
dessus.

PRUNES.

Les prunes offrent un nombre infini de variétés qui
diffèrent par la forme, le volume, la couleur et la
saveur. Mais les meilleures sont les Reines-Claudes.
Elles sont d'un vert-clair, un peu jaunâtre, d'une
forme ronde, aplatie sur les deux bouts, d'une chair
ferme et épaisse ; elles sont des plus sucrées et vertes
étant confites.

Faites un bon choix de ces prunes ; ayez le soin de
les piquer et de les faire blanchir, et ensuite vous les
ferez reverdir avec un peu d'alun ; faites cuire du
sucre au perlé et mettez-y les prunes pour leur faire
prendre un bouillon, puis retirez-les du feu et versez
dessus de bonne eau-de-vie ; bouchez soigneusement
les bocaux avec du liège et du fort papier par-dessus.

BROUX DE NOIX.

Prenez des noix vertes au mois de juin ou de juillet
et les pilez avec leurs écorces ; concassez une certaine
quantité de muscade et de girofle ; on introduit le tout

dans un vase bien bouché et on verse de bonne eau-de-
vie par-dessus ; on laisse infuser pendant deux mois ;
on fait dissoudre du sucre dans une petite quantité
d'eau ; on met égouter les noix dans un linge placé sur
une terrine, et puis on mêle, le tout ensemble, excepté
le broux ; on l'agite, on le laisse clarifier pendant
une quinzaine de jours, on filtre à la chaussure de
drap et on le met en bouteilles. Cette liqueur gardée
à vieux est délicieuse.

PERSICAT.

Ayez une futaille bien solide, mettez un cercle de
fer sur chaque bout, remplissez-la de vin blanc jusqu'aux trois quarts, et de suite, ou avant la fermentation, vous la finirez de remplir avec de l'eau-de-vie
ou de l'esprit de vin. Ayez le soin de la bonder fortement et vous aurez une liqueur agréable.

PINEAU.

On choisit les raisins les plus noirs quand même ce
ne seraient pas de vrais pineaux, on les étend sur des
clisses et on les met au four ; lorsqu'ils sont seulement
à demi cuits, on les retire, on en exprime le jus et on
le filtre au travers la chausse de drap. On agite le mélange, on y ajoute la quantité d'eau-de-vie que l'on
veut, et sans y mettre de sucre la liqueur sera délicieuse.

La meilleure méthode à employer pour les fruits susceptibles d'être mis à l'eau-de-vie est de les confire ; et quatre ou cinq mois après, ou environ', on les place dans des bocaux et on verse dessus de bonne eau-de-vie, et les fruits seront agréables.

Pour cette opération, il est essentiel de blanchir les fruits, autrement le sucre ne pénétrera pas dans leur intérieur. Il faut aussi faire attention que le sucre dans lequel on veut les confire ne soit pas trop cuit, parce qu'il ne pourrait plus s'incorporer avec les fruits et ne les garantirait pas d'une fermentation qui empêcherait de les conserver.

Mon dessein n'est pas de faire ici la description des diverse espèces de liqueurs et les manières de les apprêter non plus que toutes les compositions où l'eau-de-vie est employée, car on trouverait de quoi remplir un beau volume ; ce serait plutôt une curiosité qu'une utilité, vu que le vigneron lui-même ne saurait les mettre à profit. Je me suis seulement appliqué à décrire les méthodes les plus simples pour composer quelques liqueurs qui pourraient être à la fois d'une grande utilité et l'agrément des propriétaires.

EMPLOI DES PRODUCTIONS DE LA VIGNE

EN MÉDECINE.

La sève ou larmes de la vigne sont apéritives, propre pour la pierre, pour la gravelle, étant prise intérieurement. On peut aussi se laver les yeux de cette eau ; elle est propre pour déterger la sanie et pour éclaircir la vue.

Les feuilles tendres de la vigne et ses mains sont astringentes, rafraîchissantes, propres pour les cours de ventre, pour les hémorragies, étant prises en décoction ; on en fait aussi des fomentations pour les jambes ; elles excitent le sommeil.

Les sarments sont apéritifs, étant pris en décoction. Les verjus mêmes sont astringents, rafraîchissants et excitent l'appétit.

Les raisins, lorsqu'ils sont mûrs, sont aussi apéritifs ; ils lâchent le ventre ; étant secs, ils sont propres pour adoucir les âcretés de la poitrine et la toux, pour amollir et lâcher le ventre et pour exciter la salive.

Le marc du raisin, qui reste après l'expression et après en avoir tiré le moût, est propre pour les rhumatismes, la paralysie et la goutte sciatique ; on l'amasse en un tas afin qu'il s'échauffe ; on en enveloppe les membres ou le corps du malade pour le faire suer et pour lui fortifier les nerfs.

Le moût est le suc des raisins mûrs tiré par expression : c'est une liqueur douce et agréable au goût ;

elle lâche le ventre ; mais quand elle a fermenté , ses principes se trouvent exaltés elle devient vineuse. Elle contient beaucoup de sel et d'huile et un peu de terre ; ce sel étant disposé à se mouvoir par l'expression du raisin fait effort pour se détacher des parties huileuses avec lesquelles il est lié ; en se détachant, il pénètre et raréfie par ses pointes subtiles et tranchantes les parties d'huile et les réduit en esprit ; cet effort est la cause de la fermentation et aussi la purification qui a lieu dans la cuve ; car il en sépare les parties les plus grossières et les écarte en forme d'écume dont une portion s'attache et se pétrifie aux côtés du tonneau , et l'autre se précipite au fond : c'est ce qu'on appelle la lie.

Le vin est une liqueur composée d'alcool , de matière sucrée, d'acide malique, d'acide tartrique, de tartrate acidule de potasse, d'acide acétique, d'une matière colorante qui a de l'analogie avec le tannin et quelquefois d'une substance aromatique. La matière colorante ne se rencontre que dans les vins rouges ; tous ces éléments se trouvent formés dans le raisin ; seulement une partie de l'acide acétique peut se former pendant la fermentation.

Lorsqu'on fait usage de cette liqueur avec modération, c'est la plus saine et la meilleure des boissons ; elle donne de la vigueur dans toutes les parties du corps , elle aide à la digestion, elle réjouit le cœur, elle ranime les esprits et donne ouverture aux belles pensées.

Le vin, pour être de bonne qualité, doit faire une agréable impression sur le nerf de la langue, donner une douce chaleur à l'estomac ; il doit en outre être très-clair, transparent, de belle couleur, d'une odeur réjouissante, d'un goût balsamique, un peu piquant, tirant un peu sur la framboise.

Le vin rouge est le plus nourrissant et celui qui s'accommode le mieux à tous les tempéraments ; il fortifie, il chasse la mélancolie, il résiste au venin, il excite l'urine, il chasse les vents ; il rémédie à la gangrène, il résout, il est propre pour les contusions et les dislocations.

Le vin gris tient beaucoup du vin blanc, malgré qu'il est quelquefois tiré des raisins noirs ou que c'est un mélange fait avec des raisins noirs et des raisins blancs ; mais il est moins fumeux et plus stomacchique.

Le vin blanc est celui dont les principes sont plus en mouvement et qui donne le plus de gaîté sitôt qu'on l'a bu ; mais il est sujet à exciter le mal de tête. Il est apéritif, propre pour faire uriner, pour la colique néphrétique, pour la pierre, pour la gravelle, pour la mélancolie et l'hydrophisie.

Les vins de liqueur, et principalement ceux qui ont été faits dans les pays chauds, sont plus capables que les autres de fortifier l'estomac, parce qu'étant plus glutineux ou sirupeux, ils s'arrêtent davantage dans ce viscere où ils ont plus de temps d'y produire leur effet.

Le vinaigre est le produit de la fermentation acide du vin : liqueur qui contient outre l'acide acétique, de l'acide malique, du tartrale acidule de potasse et de chaux et une matière colorante.

Le vinaigre est d'un grand usage en médecine ; il est reconnu pour être un des rémèdes les plus salutaires. On l'administre intérieurement et extérieurement ou combiné avec d'autres substances. On le considère comme le plus puissant prophilactique, l'antiputride le plus assuré ; car on lui donne la préférence même sur toutes les substances aromatiques. Enfin, mêlé avec de l'eau, il est très rafraîchissant, tonique, diurétique, anti-scorbutique, vermifuge et dérivatif.

La lie est la partie la plus grossière du vin ou une portion de son tartre liquefiée qui s'en sépare et qui se précipite au fond du tonneau ; elle contient beaucoup d'huile et de sel volatil. Elle est incisive, pénétrante, résolutive, fortifiante, astringente ; on s'en sert extérieurement.

Le tartre est une matière dure, crouteuse, qu'on trouve attachée au parois des tonneaux de vin : le meilleur est celui dont les morceaux sont épais, pesants, d'une couleur cendrée, nets, cristallins et brillants en dedans, d'un goût aigrelet agréable.

Il est apéritif, laxatif; il lève les obstructions, il excite l'urine, il calme la fièvre et dissout les glandes.

La cendre gravelée n'est autre chose que de la lie de vin qu'on a fait sécher et calciner au feu après en avoir exprimé la partie vineuse ; elle doit être bien sèche, de couleur blanche-verdâtre, d'un goût salé et amer.

Elle est détersive, brûlante, résolutive, apéritive ; on en fait entrer dans les caustiques, dans les dépilatoires, dans les fomentations résolutives ; on peut l'administrer intérieurement, étant dissoute dans beaucoup d'eau ou dans d'autres liqueurs appropriées pour lever les obstructions et pour dissoudre les humeurs glaireuses.

Je ne parlerai point des propriétés médicales de l'eau-de-vie ni de l'alcool, parce que cette liqueur ne s'emploie guère seule ; je laisse cette science à la pharmacopée et aux personnes plus capables que moi d'en faire la description.

CALENDRIER

DU VIGNERON.

———

Comme la vigne veut être visitée souvent et pour que le vigneron ou le propriétaire ne puisse rien oublier dans sa culture annuelle, j'ai pensé qu'un petit calendrier dans lequel on trouverait tous les travaux à exécuter dans chaque mois serait à propos, car la moindre des façons peut quelquefois rendre un grand service à la vigne.

Cependant je ne donnerai pas de grands détails sur la culture de la vigne élevée en échalas, vu qu'elle n'est guère en usage dans nos contrées et que les vins qu'on en obtient ne sont le plus souvent que d'une qualité très-médiocre. Je ne connais donc dans cette culture aucune nécessité, si ce n'est que l'échalas soutient le cep, le garantit du vent, et que la vigne étant élevée à une certaine hauteur est un peu moins exposée à la gelée. Ordinairement, lorsqu'on lie la vigne à l'échalas, on rogne les sarments qui montent au-dessus; cette méthode est plutôt une opération de propreté que d'utilité; car la sève se porte sur les boutons inférieurs et pousse de nouveaux jets.

Dans les contrées où la population est faible, la meilleure méthode est de planter les vignes de manière à pouvoir les cultiver avec la charrue. Si cette culture n'est pas la meilleure, au moins est-elle la plus économique. Il faut alors laisser des espaces assez larges et proportionnés à la qualité de la terre, planter les ceps à un mètre de distance les uns des autres en ligne longitudinale et les diriger en forme d'espalier, afin d'éviter que la charrue n'en casse quelques membres.

JANVIER.

Dans ce mois, on commence à tailler la vigne. On doit choisir le plus beau temps possible pour cette opération; car le plus souvent c'est d'où provient sa courte durée, surtout pour le noir, quand elle est taillée par un temps pluvieux.

Les vignes basses qui ne pourront être taillées sans être déchaussées, ne devront l'être qu'au mois de mars; parce que les déchauds que l'on pratiquerait dans le mois de janvier pourraient être préjudiciables à la vigne en ce que l'eau pluviable séjournerait au pied des ceps. A moins de tailler la vigne de suite et d'y retourner la terre promptement; les pousses qui se trouveraient enterrées seraient même à l'abri des froidures.

C'est aussi dans ce mois qu'on doit s'occuper, si le temps le permet, du transport des terres et du fumage de la vigne, du provignage, de la plantation, et de faire les échalas si c'est l'usage.

FÉVRIER.

C'est la saison opportune de tailler la vigne; il ne faut pas perdre un moment si le temps est beau. C'est surtout dans ce mois qu'il faut achever de tailler le noir; car si on attendait que la sève fût en activité, cela lui serait très-funeste. On fait encore les provins : c'est aussi la saison de déchausser la vigne ; cette opération sera avantageuse parce que les rayons du soleil commenceront à réchauffer les racines de la vigne; et, d'un côté, on aura beaucoup plus d'avantage pour bêcher la vigne. Quand bien même on serait empêché de donner cette façon dans le temps voulu, le déchaussage débarrassera toujours la vigne des mauvaises herbes qui croissent aux pieds des ceps, et qui, quelquefois attirent les gelées. D'un autre côté, le déchaussage facilite le vigneron pour la taille, laquelle ne pourrait se faire que très-difficilement, si on se trouvait en retard pour la première façon de bêche; et la vigne venant à pousser, il serait encore difficile de bien faire le travail sans faire tomber quelques bourgeons à la vigne. Il est temps aussi de penser sérieusement à terminer les plantations de la vigne, surtout dans les terres légères.

MARS.

On termine la taille de la vigne, on enlève les javelles de suite et par un temps sec; on donne le premier labour aux vignes si le temps est propice. Il vaudrait mieux ne rien faire que de travailler la vigne par un temps pluvieux, n'importe de quelle façon que ce soit. On peut encore faire quelques provins; on place les échalas si c'est l'usage.

On aura la précaution pour bien faire de couler de la terre fine et fraîche aux pieds des ceps, surtout à la première façon, et aux vignes qui ont été déchaussées, lesquelles ont les racines exposées au froid et à l'ardeur du soleil. On reconnaîtra que le moins que la vigne reste dans cet état n'est que le mieux; car les racines doivent toujours être couvertes de guéret pour réunir les conditions d'une bonne végétation.

AVRIL.

Il faut terminer l'enlèvemeut des javelles dans les vignes et faire attention à ne pas faire tomber les bourgeons qui alors sont très-tendres. C'est aussi dans ce mois que l'on greffe la vigne, parce que la sève est en pleine activité : on est en quelque sorte plus certain de la réussite. On laboure les vignes sans relâche. C'est dans ce moment que la vigne travaille et qu'il faut travailler la vigne. Les façons du mois d'avril sont les meilleures, parce qu'alors la terre conserve encore une fraîcheur très-favorable ; tandis que dans le mois de mai les chaleurs ont quelquefois séché la terre jusqu'aux racines de la vigne, et on est même forcé de cesser de la bêcher. La jaunisse s'en empare, les raisins arrivent à peine à maturité, et la vigne en souffre même plusieurs années. On place les échalas et on fait le premier accolage.

MAI.

C'est dans ce mois que l'on doit s'occuper de l'ébourgeonnement. Cette opération consiste à supprimer les
bourgeons qui ne portent pas de fruits et qui ne sont
pas nécessaires pour la taille suivante. Elle est surtout
à propos dans les vieilles vignes, parce que leur fai-
blesse leur rend nécessaire l'accumulation du peu de
sève que le terrain leur fournit dans les bourgeons
qu'on leur laisse.

On donne aux vignes la deuxième façon avant que
les herbes montent en graines : c'est ce qu'on appelle
biner. Cette façon raffine le guéret et vivifie la vigne ;
le vigneron doit le sentir lui-même. Si le temps est
pluvieux, l'on met en terre les crossettes destinées à la
plantation d'été : méthode fort usitée dans certaines
contrées, principalement dans les terres basses, froides
et humides ; là, cette méthode est fort bonne.

JUIN.

On continue à donner la deuxième façon aux vignes ;
on termine la plantation d'été. Si le temps se porte trop
sec, on arrose et on sera en partie sûr de la plantation.
On s'occupe pour la seconde fois de l'ébourgeonnement,
parce qu'à cette époque on connaît plus facilement les
sarments qui portent fruits.

Au moment de la fleur, on épointe les sarments de
la vieille vigne pour que la sève reflue au bénéfice des
raisins, qui, quelquefois, ont peine à parvenir à une

parfaite maturité. Cette opération sera plus utile que sur les jeunes vignes où elle détermine une nouvelle pousse qui occasionne la putréfaction dans la vendange et avant sa maturité, ce qui fait un très-mauvais vin.

A la fin du mois, on donne la troisième façon aux vignes ; en ce cas, on met la terre à plat en ayant le soin de bien dégager les ceps et de ne pas y laisser couler trop de terre : en sorte que les raisins ne la touchent pas.

JUILLET.

On achève de donner la troisième façon aux vignes ; dans ce mois, les vignerons sont beaucoup occupés par les moissons ; ce qui fait qu'ils ne peuvent guère voir à la vigne ; et de plus, c'est que les chaleurs sont très-rigoureuses. Il faut alors prendre la matinée ou attendre les journées plus tempérées ; car j'ai vu souvent des vignerons exposer leur corps à l'ardeur d'un soleil trop ardent pour cultiver leur vigne ; et peu de jours après on voyait les raisins brûlés et les pampres tombées aux pieds des ceps, surtout dans les terres ardentes et exposées au soleil. Si on est empêché de donner cette troisième façon, soit par la sécheresse ou autrement, il sera d'une grande urgence d'arracher les mauvaises herbes avant qu'elles aient mûri leurs graines. C'est aussi dans ce mois qu'on doit faire les marcottes et par un temps humide ; c'est-à-dire que la terre soit humectée.

AOUT.

Quelquefois ce mois est plus funeste que le précédent ; les chaleurs font beaucoup de mal dans certains vignobles. Dans ce cas, il faut s'abstenir de cultiver la vigne plutôt que de faire des travaux préjudiciables, ou attendre la température. On pourra encore s'occuper d'arracher les herbes.

Vers la fin du mois, l'on doit s'occuper de placer de petites fourches en bois, d'une longueur de cinquante centimètres environ, principalement dans les vignes basses et où il n'y a pas d'échalas, et cela pour relever les sarments et les raisins qui touchent par terre afin qu'ils ne se pourrissent pas.

SEPTEMBRE.

Dans les premiers jours de ce mois, l'on épampre les jeunes vignes pour exposer les raisins aux rayons du soleil et aux fréquentes rosées ; cette opération bien faite et en temps convenable est fort utile : la maturité du raisin se décide mieux et s'accomplit sous des conditions beaucoup plus favorables. Car le plus souvent, dans les jeunes vignes, la vendange y pourrit avant d'être mûre et donne un vin défectueux si on a pas le soin de découvrir légèrement les raisins.

C'est aussi le moment de faire les préparatifs pour les vendanges : on fait les réparations ou emplètes de cuves, tonneaux, pressoirs, hottes, etc. Le tout doit être dans le meilleur état possible, surtout les vaisseaux où doit séjourner le vin.

OCTOBRE.

C'est le plus souvent dans ce mois que se font les vendanges. On doit autant que possible choisir un beau temps. Pour le vin rouge, il ne faut pas attendre une excessive maturité, car le vin serait trop doux et ne se garderait pas mieux ; pour les vins que l'on veut distiller, blancs ou rouges, ils n'ont pas besoin de tant d'exactitude ; au contraire, les temps de pluies, les brouillards, sont plutôt avantageux que nuisibles en ce qu'ils ramollissent la vendange et facilitent l'extraction du moût.

Aussitôt les vendanges achevées, on se hâte de déchausser les vignes pour que les déchauds reçoivent les pampres lors de leur chute pour servir d'engrais et pour garantir les racines de la vigne qui pourraient être exposées aux injures des gelées.

NOVEMBRE.

On continue le déchaussage de la vigne, où, si le temps le permet, on donne une quatrième façon, cela peut se faire en déchaussant la vigne avec la précaution de remuer partout la terre ; c'est une bonne façon d'hiver et préparatoire pour l'année suivante. L'on arrache les ceps de mauvaise espèce qu'on aura eu le soin de marquer au moment des vendanges ; toutefois,

il faut que ce soit une année d'abondance où l'on ne
sera pas en peine de les connaître facilement, autrement; on courrait les risques d'en arracher de bonne
espèce; car nous avons de bons cepages qui ne donnent
pas tous les ans. On transporte les terres, les engrais
quelconques et l'on fait les plantations d'hiver.

DÉCEMBRE.

Si le temps le permet, c'est le moment de transporter
des terres dans les vignes avariées ou dans les terrains
maigres. L'on s'occupe du provignage; l'on fait les
plantations; ou du moins l'on choisit les plants que l'on
met provisoirement en terre pour les planter quelques
jours plus tard. On fait les fossés où il est nécessaire;
s'il en existe, on les cure; en un mot, on facilite le
plus que possible l'écoulement des eaux; car, dans
les terrains où elles séjournent, la vigne ne prospère
pas.

STATISTIQUE.

Quelques notes statistiques sur l'industrie vinicole
en France, m'ont semblé devoir compléter les matières contenues dans mon livre.

Voici l'ordre dans lequel on peut classer les dépar-
tements français, relativement à l'étendue ses vignobles et à l'importance de la production, considérée
au point de vue de la quantité.

1 Gironde.	9 Var.	17 Saône-et-Loire.
2 Charente-Inférieure	10 Lot.	18 Yonne.
3 Hérault.	11 Aude.	19 Tarn-et-Garonne
4 Charente.	12 Haute-Garonne.	20 Indre-et-Loire.
5 Dordogne.	13 Loiret.	21 Aveyron.
6 Gers.	14 Bouches-du-Rhône	22 Tarn.
7 Gard.	15 Pyrénées-Orientales	23 Rhône.
8 Lot et Garonne.	16 Maine-et-Loire.	24 Loire-Inférieure

25 Puy-de-Dôme.	43 Ain.	61 Doubs.
26 Vienne.	44 Seine-et-Oise.	62 Hautes-Alpes.
27 Vaucluse.	45 Meurthe.	63 Haute-Loire.
28 Isère.	46 Corse.	64 Moselle.
29 Ardèche.	47 Hautes-Pyrénées.	65 Eure-et-Loir.
30 Loir-et-Cher.	48 Corrèze	66 Vosges.
31 Côte-d'Or.	49 Basses-Alpes.	67 Haute-Vienne.
32 Drôme.	50 Loire.	68 Seine.
33 Basses-Pyrénées.	51 Meuse.	69 Oise.
34 Aube.	52 Haute-Marne.	70 Ardennes.
35 Jura.	53 Bas-Rhin.	71 Eure.
36 Deux-Sèvres.	54 Cher.	72 Mayenne.
37 Landes.	55 Haute-Saône.	73 Lozère.
38 Seine-et-Marne.	56 Arriège.	74 Morbihan.
39 Marne.	57 Haut-Rhin.	75 Cantal.
40 Indre.	58 Sarthe.	76 Ile-et-Vilaine.
41 Allier.	59 Nièvre.	
42 Vendée.	60 Aisne.	

La Somme, Calvados, Côtes-du-Nord, Creuse, Finistère, Manche, Orne, Pas-de-Calais, Seine-Inférieure et Nord, n'ont pas de vignes sérieuses.

TABLEAU , *par pays de destination , des quantités et valeurs des vins en futailles et en bouteilles, exportées de France dans les années 1825 et 1836*

PAYS de DESTINATION.	1825.		1836.	
	Quantités en hectolitres.	Valeurs en francs.	Quantités en hectolitres	Valeurs en francs.
Gr.-Bret. et Irlande.	63,784	13,170,174	37,651	4,758.856
Belgique.........	153,058	9,692,349	70,608	3 411,917
Hollande.........			78,670	3,671,502
Villes anséatiques. .	178,935	4,632,305	106,997	3,020,790
Danemarck.........	15,667	423.624	14,956	433,880
Suède et Norwège..	13,141	587,964	13,946	734,453
Russie...........	34,685	1,531,350	45,795	2,075,370
Prusse..........	34,265	992,392	45,925	1,604,775
Allemagne........	20,322	701,041	24,712	725,324
Suisse...........	100,377	2,037,080	88,858	1 847,774
Etats sardes.......	90,534	1,874,800	103,239	2,168,764
Toscane, Etats Rom.	16,559	377,101	6,168	174,402
Espagne.........	12,320	266,573	29,044	755,637
Turquie, Grèce....	618	23,111	1,229	53,431
Egypte..........	3,964	92,872	3,139	74,489
Alger...........	679	14,856	140,772	2,864,999
Etats barbaresques.			3,200	77,815
Ile Maurice.......	3,535	156 081	41,646	1.283,124
Indes étrangères...	4,769	623.876	7,279	1,162,974
Etats-Unis........	70,723	1,981,393	145,502	7,698,968
Haïti............	20,262	665,349	7,279	207,350
Antilles étrangères..	36,937	1,760,175	23,429	1,172,721
Brésil...........	16,294	408,772	87,540	1,882,037
Mexique...........	12,685	715,001	4,105	418,260
Colombie........	3,605	258,242	985	71,563
Pérou..........	2,458	194,652	1 155	57,465
Chili...........	79	6,056	5,740	628 065
Rio de la Plata.....	7,531	310,461	21,418	666,137
Colonies françaises.	104,566	3,490,592	118,068	3,413,450
Autres pays.......	2,942	159,767	2,520	288,584
Totaux...	1,125,034	47,250,233	1.278,518	47,462,907

Chiffre de 1837 : 1,114,298 hect. Valeur 43,043,351 fr.

FIN.

TABLE DES MATIÈRES.

——

FIN DE LA TABLE.